植物组织培养

活页工单

化学工业出版社

樱花植物组织培养

任务准备

1. 植物材料

塑料大棚盆栽樱花苗、樱花继代增殖瓶苗、樱花生根瓶苗。

2. 仪器设备和材料

（1）设备器械 超净工作台、电加热消毒器、不锈钢手术刀、不锈钢镊子、不锈钢镊子存放架、酒精喷壶、组培瓶（盖）、育苗塑料大棚、电动喷雾器、塑料盆、塑料量杯、育苗筛、锄头、铁锹、花洒、育苗架、农用塑料薄膜、75% 的遮阳网、电子天平等。

（2）材料 医用棉花、无菌纸、泥炭土、蛭石、高锰酸钾、杀菌剂（多菌灵、百菌清、敌克松等）等。

3. 试剂

75% 乙醇、0.1% 氯化汞溶液或 2% 次氯酸钠溶液、无菌水、MS 培养基各组成成分的化学试剂、6-BA、IBA、NAA、活性炭、蔗糖、卡拉胶、诱导培养基、增殖培养基、生根培养基等。

4. 培养基

（1）诱导培养基 2/3 MS+6-BA 0.5 ～ 1.0mg/L+IBA 0.1 ～ 0.2mg/L；

（2）增殖培养基 MS+6-BA 0.2 ～ 0.5mg/L+NAA 0.05 ～ 0.10mg/L；

（3）生根培养基 1/2MS+IBA 0.6 ～ 1.0mg/L+ 活性炭 1.0g/L。

任务实施

1. 外植体预处理：准备做外植体的材料提前 30d 左右放入塑料大棚栽培种植，促发新芽，萌发新枝，制水，喷淋杀菌剂。

2. 外植体消毒接种与不定芽诱导：选择优良单株新萌发枝条为外植体材料，剪除叶片并剪成 6 ～ 8cm 长的枝段。在超净工作台上进行无菌操作。先用 75% 乙醇溶液浸泡 60s，然后用 0.1% 升汞溶液处理 5 ～ 10min，再用无菌水冲洗 4 ～ 6 遍，剪成带有 2 个腋芽的小段，接种到诱导培养基诱导腋芽萌发。

3. 初代培养：外植体在不定芽诱导培养基上经 2 ～ 3 次转接培养，腋芽萌发，长至 2 ～ 3cm，转入丛生芽诱导培养基进行初代培养。

4. 继代增殖培养：将丛生芽分割，反复转接到继代增殖培养基，进行继代增殖培养。继代增殖培养周期为 25 ～ 30d。

5. 生根诱导与生根培养：当芽苗增殖到一定的数量后，可将丛生芽分割成单芽，将长到 2cm 以上的芽苗转入生根培养基进行生根诱导培养；对不足 2cm 的小苗或小芽丛转入增殖培养基继续增殖培养。

6. 试管苗驯化移植：将生根苗培养瓶移至炼苗室炼苗 7d 左右，然后松开瓶盖透气 1 ～ 2d，使瓶内外的湿度比较接近。移栽前，往瓶内倒入少量水，并轻轻摇动，使根系与培养基分离，然后小心地从瓶内取出试管苗，放在盛有水的塑料盆里洗净根部的培养基，移栽到泥炭土：蛭石＝ 3 ：1，消毒过的基质中。浇足定根水，及时盖上塑料薄膜保湿，并用 75% 的遮阳网遮阳，待移植苗开始生长并长出新根，逐渐增加光照强度并通风，最后揭去薄膜。待根系长达 3 ～ 5cm 时，可完全撤去遮阳网，让小苗在全光下生长。小苗高达 15cm 左右，根系发达时，即可进行大田定植。

培养室环境控制：培养室保持洁净，空气新鲜。温度（24±2）℃，光照强度 2000 ～ 3000lx，光照时间为 10h/d，湿度 40% ～ 50%。

桉树植物组织培养

任务准备

1. 植物材料

塑料大棚桉树优良无性系扦插盆栽苗、桉树继代增殖瓶苗、桉树生根瓶苗。

2. 仪器设备和材料

（1）设备器械 超净工作台、电加热消毒器、不锈钢手术刀、不锈钢镊子、不锈钢镊子存放架、酒精喷壶、组培瓶（盖）、塑料大棚、电动喷雾器、塑料盆、塑料量杯、育苗筛、锄头、铁锹、花洒、育苗架、农用塑料薄膜、75% 的遮阳网、电子天平等。

（2）材料 医用棉花、无菌纸、黄心土、河沙、高锰酸钾、杀菌剂（多菌灵、百菌清、敌克松等）等。

3. 试剂

75% 乙醇、0.1% 氯化汞溶液或 2% 次氯酸钠溶液、无菌水、MS 培养基各组成成分的化学试剂、6-BA、IBA、NAA、活性炭、蔗糖、卡拉胶、诱导培养基、增殖培养基、生根培养基等。

4. 培养基

（1）不定芽诱导培养基 1/2MS；

（2）初代培养基 2/3MS+6-BA 0.5 ～ 1.0mg/L+IBA 0.1 ～ 0.2mg/L；

（3）增殖培养基 MS+6-BA 0.2 ～ 0.5mg/L+NAA 0.05 ～ 0.1mg/L；

（4）生根培养基 1/2MS+IBA 0.6 ～ 1.0mg/L+ 活性炭 1.0g/L。

任务实施

1. 外植体的选择与消毒：选择新萌发枝条为外植体材料，剪除叶片并剪成 5 ～ 6cm 长的枝段。在超净工作台上进行无菌操作：先用 75% 乙醇溶液浸泡 60s，然后用 0.1% 升汞溶液处理 5 ～ 8min，再用无菌水冲洗 4 ～ 5 遍，剪成带有 2 ～ 3 个腋芽的小段，接种到不定芽诱导培养基诱导叶芽萌发。

2. 初代培养：外植体在不定芽诱导培养基上经 1 ～ 2 次培养，腋芽萌发长至 2 ～ 3cm，转入初代培养基进行丛生芽诱导培养，经 2 ～ 3 次的初代培养，材料增殖达到一定数量即可进入继代增殖培养。

3. 继代增殖培养：将较大的芽苗切割成带 2 ～ 4 个叶芽、1cm 长左右的节段，或将密集的小丛芽分割为单株或丛芽小束，转接到继代培养基进行继代增殖培养。继代增殖培养周期为 15 ～ 20d。

4. 生根诱导与生根培养：把继代培养过程中获得的丛芽中长度 1cm 以上的单芽切出，转接到生根培养基上，经 20d 左右培养，即可获得可供出瓶移栽的完整植株。

5. 生根炼苗：生根接种后隔天可放入炼苗塑料大棚进行生根炼苗，20d 左右根长至 3 ～ 4cm 即可出瓶移栽。

6. 试管苗驯化移植：移栽时向瓶内倒入一定量清水并摇动几下以松动培养基，然后小心将幼苗取出放置在盛有清水的塑料盆中，将根黏附的培养基彻底洗净，然后将试管苗移栽于苗床或营养袋中，苗床或营养袋中的基质为泥炭土：河沙＝ 3 ： 2。移栽后浇透水，并设塑料拱棚保湿。幼苗成活后即可把荫棚拆掉，此阶段要加强水肥管理和病、虫、草害防治。经 2 ～ 3 个月精细管理，当苗高 15 ～ 20cm 时即可用于造林。

培养室环境控制：培养室保持洁净，空气新鲜。温度（27±2）℃，光照强度 3000 ～ 4000lx，光照时间为 10h/d，湿度 40% ～ 50%。

泡桐植物组织培养

任务准备

1. 植物材料

塑料大棚泡桐优良无性系扦插盆栽苗、泡桐继代增殖瓶苗、泡桐生根瓶苗。

2. 仪器设备和材料

（1）设备器械 超净工作台、电加热消毒器、不锈钢手术刀、不锈钢镊子、不锈钢镊子存放架、酒精喷壶、组培瓶（盖）、塑料大棚、电动喷雾器、塑料盆、塑料量杯、育苗筛、锄头、铁锹、花洒、育苗架、农用塑料薄膜、75% 的遮阳网、电子天平等。

（2）材料 医用棉花、无菌纸、泥炭土、河沙、高锰酸钾、杀菌剂（多菌灵、百菌清、敌克松等）等。

3. 试剂

75% 乙醇、0.1% 氯化汞溶液或 2% 次氯酸钠溶液、无菌水、MS 培养基各组成成分的化学试剂、6-BA、IBA、NAA、活性炭、蔗糖、卡拉胶、诱导培养基、增殖培养基、生根培养基等。

4. 培养基

（1）不定芽诱导培养基 2/3 MS+6-BA 0.2 ～ 0.5mg/L+NAA 0.05 ～ 0.1mg/L；

（2）初代和继代增殖培养基 2/3 MS+6-BA 0.5 ～ 1.0mg/L+NAA 0.1mg/L；

（3）生根培养基 1/2MS+IBA 0.5 ～ 0.8mg/L+ 活性炭 1.0mg/L。

任务实施

1. 外植体的选择与预处理：将准备做外植体的材料提前 50d 左右放入塑料大棚栽培种植，促发萌芽，萌发新枝，制水，喷淋杀菌剂。选择生长健壮、无病虫害的根新萌半木质化枝条为材料。

2. 外植体消毒接种与不定芽诱导：以新萌半木质化枝条为材料，去除叶片，用 75% 乙醇抹擦其表面，在超净工作台上进行无菌操作：75% 乙醇消毒 50s，再用 0.1% 升汞消毒 5 ～ 10min，无菌水冲洗 4 ～ 5 次，接种于不定芽诱导培养基，诱导叶芽萌发。

3. 初代和继代增殖培养：外植体在不定芽诱导培养基上经2次左右转接后，把新萌发的芽切出，转到初代和继代增殖培养基，芽继续长高至4～6cm，再次进行转接。转接时把芽苗切成带1～2个叶芽的茎段，培养基不变，每瓶接种6～8段。反复转接，转接周期20～25d，不断进行增殖。

4. 生根诱导与生根培养：把继代培养过程中获得的芽中长度3cm以上的单芽切出，转接到生根培养基上，经25d左右培养，即可获得可供出瓶移栽的完整植株。

5. 生根炼苗：生根接种后隔天可放入炼苗塑料大棚进行生根炼苗，15d左右根长至0.5～1.0cm即可出瓶移栽。

6. 试管苗驯化移植：移栽时向瓶内倒入一定量清水并摇动几下以松动培养基，然后小心将幼苗取出放置在盛有清水的塑料盆中，将根黏附的培养基彻底洗净，然后将试管苗移栽于消毒过的泥炭土：河沙＝3：2的基质中，移栽后浇透水，并设塑料拱棚保湿。幼苗成活后即可把荫棚拆掉，此阶段要加强水肥管理和病、虫、草害防治。经2～3个月精细管理，当苗高15～20cm时即可用于造林。

培养室环境控制：培养室保持洁净，空气新鲜。温度（25±2）℃，光照强度3000～4000lx，光照时间为10h/d，湿度40%～50%。

海南龙血树组织培养

任务准备

1. 植物材料

塑料大棚盆栽海南龙血树、海南龙血树继代增殖瓶苗、海南龙血树生根瓶苗。

2. 仪器设备和材料

（1）设备器械 超净工作台、电加热消毒器、不锈钢手术刀、不锈钢镊子、不锈钢镊子存放架、酒精喷壶、组培瓶（盖）、育苗塑料大棚、电动喷雾器、塑料盆、塑料量杯、育苗筛、锄头、铁锹、花洒、育苗架、农用塑料薄膜、75% 的遮阳网、电子天平等。

（2）材料 医用棉花、无菌纸、泥炭土、珍珠岩、高锰酸钾、杀菌剂（多菌灵、百菌清、敌克松等）等。

3. 试剂

75% 乙醇、0.1% 氯化汞溶液或 2% 次氯酸钠溶液、无菌水、MS 培养基各组成成分的化学试剂、6-BA、NAA、蔗糖、卡拉胶、诱导培养基、增殖培养基、生根培养基等。

4. 培养基

（1）不定芽诱导培养基 MS+6BA 3.0 ～ 4.5mg/L+NAA 0.2 ～ 0.5mg/L；

（2）壮芽增殖培养基 MS+6BA 1.0 ～ 3.0mg/L+NAA 0.1 ～ 0.3mg/L；

（3）生根培养基 1/2MS+NAA 0.2mg/L。

任务实施

1. 外植体材料选择及预处理： 选择经选育的优良株系作为外植体材料，放入塑料大棚内并于取材 20d 前开始制水，喷淋杀菌剂。

2. 外植体消毒接种： 以新萌枝条为材料，去除叶片，用 75% 乙醇抹擦其表面，在超净工作台上进行无菌操作：75% 乙醇消毒 50s，再用 0.1% 升汞消毒 8 ～ 15min，无菌水冲洗 4 ～ 5 次，接种于不定芽诱导培养基，诱导腋芽萌发和不定芽。

3. 不定芽诱导与初代培养：经外植体消毒后的材料接种于不定芽诱导培养基，诱导腋芽和不定芽萌发。外植体在不定芽诱导培养基上经 2 次左右转接后，把新萌发的芽切出继续进行初代培养的多次转接，建立无菌繁殖体系。

4. 继代增殖与壮芽生根培养：切取经初代培养的丛生芽转接到壮芽增殖培养基进行壮芽增殖培养，反复转接，转接周期 30 ～ 40d，不断进行壮芽增殖。材料增殖到一定数量后，一部分材料继续壮芽增殖，一部分材料即可以将 3.0cm、4 片叶子以上的芽单个切下接种于生根培养基进行生根培养，不够规格要求的材料继续进行壮芽继代增殖。

5. 试管苗驯化移植：批量生产而进入生根阶段时，把单芽接种到生根培养基后，于第二天放在塑料大棚中生根及炼苗 25 ～ 30 即可进行试管苗移栽。移栽时向瓶内倒入一定量清水并摇动几下以松动培养基，然后小心将幼苗取出放置在盛有清水的塑料盆中，将根黏附的培养基彻底洗净，然后将试管苗移栽于消毒过的泥炭土：珍珠岩＝ 3 ∶ 2 的基质中，移栽后浇透水，并设塑料拱棚保湿。幼苗成活后即可把棚拆掉，此阶段要加强水肥管理和病、虫、草害防治。经 2 ～ 3 个月精细管理即可用于大生产种植。

6. 试管苗塑料大棚栽培种植：把生根苗移植至塑料大棚进行盆栽种植管理，1 ～ 2 个月后即可销售。

培养室环境控制：培养室保持洁净，空气新鲜。温度 (26±2) ℃，光照强度 2000 ～ 3000lx，光照时间为 10h/d，湿度 40% ～ 50%。

互叶白千层组织培养

任务准备

1. 植物材料

塑料大棚盆栽优良互叶白千层苗、互叶白千层继代增殖瓶苗、互叶白千层生根瓶苗。

2. 仪器设备和材料

（1）设备器械 超净工作台、电加热消毒器、不锈钢手术刀、不锈钢镊子、不锈钢镊子存放架、酒精喷壶、组培瓶（盖）、育苗塑料大棚、电动喷雾器、塑料盆、塑料量杯、育苗筛、锄头、铁锹、花洒、育苗架、农用塑料薄膜、75% 的遮阳网、电子天平等。

（2）材料 医用棉花、无菌纸、泥炭土、黄心土、河沙、高锰酸钾、杀菌剂（多菌灵、百菌清、敌克松等）等。

3. 试剂

75% 乙醇、0.1% 氯化汞溶液或 2% 次氯酸钠溶液无菌水、MS 培养基各组成成分的化学试剂、6-BA、KT、IBA、NAA、活性炭、蔗糖、卡拉胶、诱导培养基、增殖培养基、生根培养基等。

4. 培养基

（1）诱导培养基 MS+6-BA 1.5 ～ 3.0mg/L+ KT 0.5 ～ 1.5mg/L+ NAA 0.1 ～ 0.5mg/L；

（2）增殖培养基 MS+6-BA 0.5 ～ 1.5.0mg/L+ KT 0.2 ～ 0.5mg/L+ NAA 0.05 ～ 0.2mg/L；

（3）生根培养基 MS+IBA 0.5 ～ 1.0mg/L+ 活性炭 1g/L。

任务实施

1. 外植体材料选择及预处理：选择经选育的优良株系作为外植体材料放入塑料大棚内并于取材 20d 前开始制水，喷淋杀菌剂。

2. 外植体消毒接种与不定芽诱导：以新萌半木质化枝条为材料，去除叶片，用 75% 乙醇抹擦其表面，在超净工作台上进行无菌操作：75% 乙醇消毒 50s，再用 0.1% 升汞消毒 5 ～ 8min，无菌水冲洗 4 ～ 5 次，接种于不定芽诱导培养基，诱导腋芽萌发。外植体在不定芽诱导培养基上经 2 次左右转接后，把新萌发的芽切出继续进行初代培养的多次转接，建立无菌繁殖体系。

3. 继代增殖与壮芽培养：切取经初代培养的丛生芽转接到壮芽增殖培养基进行壮芽增殖培养，反复转接，转接周期 30 ～ 40d，不断进行壮芽增殖。

4. 生根诱导与生根培养：材料增殖到一定数量后，一部分材料继续壮芽增殖，一部分材料即可以将 3.0cm、4 片叶子以上的芽单个切下接种于生根培养基进行生根培养，不够规格要求的材料继续进行壮芽继代增殖。

5. 试管苗驯化移植：批量生产而进入生根阶段时，把单芽接种到生根培养基后，于第二天放在塑料大棚中生根及炼苗 25 ～ 30d 即可进行试管苗移栽。移栽时向瓶内倒入一定量清水并摇动几下以松动培养基，然后小心将幼苗取出放置在盛有清水的塑料盆中，将根黏附的培养基彻底洗净，然后将试管苗移栽于消毒过的泥炭土：黄心土：河沙＝3 ：2 ：1 的基质中，移栽后浇透水，并设塑料拱棚保湿。经 2 ～ 3 个月精细管理即可用于大生产种植。

6. 试管苗塑料大棚栽培种植：幼苗成活后即可把塑料拱棚移除，此阶段要加强水肥管理和病、虫、草害防治。经 2 ～ 3 个月精细管理，当苗高 15 ～ 20cm 时即可用于造林。

培养室环境控制：培养室保持洁净，空气新鲜。温度（26±2）℃，光照强度 2000 ～ 3000lx，光照时间为 10h/d，湿度 40% ～ 50%。

迷迭香组织培养

任务准备

1. 植物材料

塑料大棚盆栽优良迷迭香、迷迭香继代增殖瓶苗、迷迭香生根瓶苗。

2. 仪器设备和材料

（1）设备器械 超净工作台、电加热消毒器、不锈钢手术刀、不锈钢镊子、不锈钢镊子存放架、酒精喷壶、组培瓶（盖）、育苗塑料大棚、电动喷雾器、塑料盆、塑料量杯、育苗筛、锄头、铁锹、花洒、育苗架、农用塑料薄膜、75% 的遮阳网、电子天平等。

（2）材料 医用棉花、无菌纸、泥炭土、蛭石、河沙、高锰酸钾、杀菌剂（多菌灵、百菌清、敌克松等）等。

3. 试剂

75% 乙醇、0.1% 氯化汞溶液或 2% 次氯酸钠溶液、无菌水、MS 培养基各组成成分的化学试剂、6-BA、IBA、NAA、蔗糖、卡拉胶、诱导培养基、增殖培养基、生根培养基等。

4. 培养基

（1）不定芽诱导与初代培养基 2/3MS+6-BA 0.5 ～ 2.0mg/L+NAA 0.05 ～ 0.1mg/L；

（2）壮芽继代增殖培养基 3/4MS+6BA 0.2 ～ 0.5mg/L；

（3）炼苗生根培养基 1/2MS+NAA 0.2 ～ 0.5mg/L+IBA 0.5 ～ 1.0mg/L。

任务实施

1. 外植体材料选择及预处理：选择经选育的优良株系作为外植体材料放入塑料大棚内并于取材 15d 前开始制水，喷淋杀菌剂。

2. 外植体消毒接种与不定芽诱导：以新萌半木质化枝条为材料，去除叶片，用 75% 乙醇抹擦其表面，在超净工作台上进行无菌操作：75% 乙醇消毒 50s，再用 0.1% 升汞消毒 5 ～ 8min，无菌水冲洗 4 ～ 5 次，接种于不定芽诱导与初代培养基，诱导腋芽萌发。外植体在不定芽诱导培养基上经 2 次左右转接后，把新萌发的芽切出继续进行初代培养的多次转接，建立无菌繁殖体系。

3. 继代增殖与壮芽培养：切取经初代培养的丛生芽转接到壮芽继代增殖培养基进行壮芽增殖培养，反复转接，转接周期 30 ～ 40d，不断进行壮芽增殖。

4. 炼苗生根培养：把壮芽继代培养过程中获得的芽中长度 3cm 以上的单芽切出，转接到炼苗生根培养基。生根接种后隔天可放入炼苗塑料大棚进行生根炼苗，经 25d 左右培养，即可获得可供出瓶移栽的完整植株。

5. 试管苗驯化移植：试管苗移栽时向瓶内倒入一定量清水并摇动几下以松动培养基，然后小心将幼苗取出放置在盛有清水的塑料盆中，将根黏附的培养基彻底洗净，然后将试管苗移栽于消毒过的泥炭土：蛭石：河沙＝3 ：2 ：1 的基质中，移栽后浇透水，并设塑料拱棚保湿。

6. 试管苗塑料大棚栽培种植：幼苗成活后即可把塑料拱棚移除，此阶段要加强水肥管理和病、虫、草害防治。经 2 ～ 3 个月精细管理，当苗高 8 ～ 10cm 时即可出售。

培养室环境控制：培养室保持洁净，空气新鲜。温度（23±2）℃，光照强度 2000 ～ 3000lx，光照时间为 10h/d，湿度 40% ～ 50%。

广藿香植物组织培养

任务准备

1. 植物材料

塑料大棚盆栽广藿香、广藿香继代增殖瓶苗、广藿香生根瓶苗。

2. 仪器设备和材料

（1）设备器械 超净工作台、电加热消毒器、不锈钢手术刀、不锈钢镊子、不锈钢镊子存放架、酒精喷壶、组培瓶（盖）、育苗塑料大棚、电动喷雾器、塑料盆、塑料量杯、育苗筛、锄头、铁锹、花洒、育苗架、农用塑料薄膜、75% 的遮阳网、电子天平等。

（2）材料 医用棉花、无菌纸、泥炭土、蛭石、河沙、高锰酸钾、杀菌剂（多菌灵、百菌清、敌克松等）等。

3. 试剂

75% 乙醇、0.1% 氯化汞溶液或 2% 次氯酸钠溶液、无菌水、MS 培养基各组成成分的化学试剂、6-BA、NAA、活性炭、蔗糖、卡拉胶诱导培养基、增殖培养基、生根培养基等。

4. 培养基

（1）不定芽诱导与初代培养基 MS+6-BA 0.2 ～ 0.5mg/L+NAA 0.01mg/L；

（2）壮芽继代增殖培养基 MS+6-BA 0.05 ～ 0.2 mg/L+NAA 0.01mg/L；

（3）生根培养基 1/2 MS+NAA 0.1 ～ 0.5mg/L+ 活性炭 1g/L。

任务实施

1. 外植体预处理：准备做外植体的材料提前 60d 左右放入塑料大棚栽培种植，促发新枝，萌发新的嫩叶，外植体消毒操作前 15d 制水，喷淋杀菌剂。

2. 外植体消毒接种与不定芽诱导：选择优良单株新萌发的嫩叶为外植体材料。在超净工作台上进行无菌操作：先用 75% 乙醇溶液浸泡 40s，然后用 0.1% 升汞溶液处理 3 ～ 5min，再用无菌水冲洗 4 ～ 6 遍，剪成 1cm^2 左右叶片小块，接种到不定芽诱导与初代培养基诱导不定芽萌发。

3. 壮芽继代增殖培养：切取经不定芽诱导生成的丛生芽转接到壮芽增殖培养基进行壮芽增殖培养，反复转接，转接周期 25 ～ 30d，不断进行壮芽增殖。

4. 生根诱导与生根培养：材料增殖到一定数量后，一部分材料继续壮芽增殖，一部分材料将 2.0cm、4 片叶子以上的芽单个切下接种于生根培养基进行生根培养，不够规格要求的材料继续进行壮芽继代增殖。

5. 炼苗生根培养：生根接种后隔天可放入炼苗塑料大棚进行生根炼苗，经 25d 左右培养，即可获得可供出瓶移栽的试管苗。

6. 试管苗驯化移植：放在塑料大棚中生根及炼苗 25d 左右即可进行试管苗移栽。移栽时向瓶内倒入一定量清水并摇动几下以松动培养基，然后小心将幼苗取出放置在盛有清水的塑料盆中，将根黏附的培养基彻底洗净，然后将试管苗移栽于消毒过的泥炭土：蛭石：河沙＝ 3 ： 2 ： 1 的基质中，移栽后浇透水，并设塑料拱棚保湿。经 50 ～ 80d 精细管理即可用于生产种植。

培养室环境控制：培养室保持洁净，空气新鲜。温度（26±2）℃，光照强度 2000 ～ 3000lx，光照时间为 10h/d，湿度 40% ～ 50%。

铁皮石斛植物组织培养

任务准备

1. 植物材料

优良株系铁皮石斛成熟果实、铁皮石斛无菌萌芽瓶苗、铁皮石斛生根瓶苗。

2. 仪器设备和材料

（1）设备器械 超净工作台、电加热消毒器、不锈钢手术刀、不锈钢镊子、不锈钢镊子存放架、酒精喷壶、组培兰花瓶（盖）、育苗塑料大棚、电动喷雾器、塑料盆、塑料量杯、育苗筛、锄头、铁锹、花洒、育苗架、75%的遮阳网、电子天平等。

（2）材料 医用棉花、无菌纸、阔叶树干刨花、高锰酸钾、杀菌剂（多菌灵、百菌清、敌克松等）等。

3. 试剂

75%乙醇、0.1%氯化汞溶液或2%次氯酸钠溶液、无菌水、MS培养基各组成成分的化学试剂、NAA、新鲜马铃薯、活性炭、蔗糖、卡拉胶种子萌发培养基、壮芽生根培养基等。

4. 培养基

（1）种子萌发培养基 1/2 MS+NAA 0.2～0.5mg/L+马铃薯50～100g/L；

（2）壮芽生根培养基 1/2 MS+NAA 0.2～0.5mg/L+马铃薯50～100g/L+活性炭2g/L。

任务实施

1. 外植体材料的选择与消毒：选择铁皮石斛优质品种优良母株经控制授粉结出的未爆裂成熟种果，用75%的乙醇溶液抹擦后在超净工作台上进行无菌操作：75%的乙醇溶液浸泡90min后，用0.1%的$HgCl_2$溶液灭菌10～15min.，无菌水冲洗5次，把种果切开，取出种子均匀散播在种子萌发培养基上。

2. 继代增殖培养：把种子萌发的小芽苗经2～3次转接到壮芽生根培养基进行增殖培养，转接周期60～75d，不断进行增殖。

3. 壮芽继代增殖培养：切取经继代增殖培养的正常芽丛转接到壮芽生根培养基继续进行壮芽增殖培养，反复转接2～3次，转接周期75～90d，不断进行壮芽增殖。

4. 壮芽生根培养：切取经壮芽增殖培养的正常芽丛，3～4芽/丛，转接到壮芽生根培养基，每瓶接种15～20丛，进行壮芽生根培养，培养周期75～90d。

5. 炼苗生根培养：壮芽生根接种后隔天可放入炼苗塑料大棚进行炼苗生根培养，经75～90d左右培养，即可获得可供出瓶移栽的试管苗。

6. 试管苗驯化移植：放在塑料大棚中炼苗生根75～90d左右即可进行试管苗移栽。移栽时向瓶内倒入一定量清水并摇动几下以松动培养基，然后小心将幼苗取出放置在盛有清水的塑料盆中，将根黏附的培养基彻底洗净，用0.02%的高锰酸钾溶液消毒，然后将试管苗移栽于消毒过的阔叶树干刨花的基质中，种植后制水2～3d。经90～120d精细管理即可用于生产种植。

培养室环境控制：培养室保持洁净，空气新鲜。温度（25±2）℃，光照强度2000～3000lx，光照时间为10h/d，湿度40%～50%。

菊花微茎尖植物组织培养

任务准备

1. 植物材料

塑料大棚盆栽菊花、菊花继代增殖瓶苗、菊花生根瓶苗。

2. 仪器设备和材料

（1）设备器械 超净工作台、电加热消毒器、不锈钢手术刀、不锈钢镊子、不锈钢镊子存放架、酒精喷壶、组培瓶（盖）、体视镜、不锈钢尺、解剖针、育苗塑料大棚、电动喷雾器、塑料盆、塑料量杯、育苗筛、锄头、铁锹、花洒、育苗架、农用塑料薄膜、75% 的遮阳网、电子天平等。

（2）材料 医用棉花、无菌纸、泥炭土、蛭石、河沙、高锰酸钾、杀菌剂（多菌灵、百菌清、敌克松等）等。

3. 试剂

75% 乙醇、0.1% 氯化汞溶液或 2% 次氯酸钠溶液、无菌水、MS 培养基各组成成分的化学试剂、6-BA、IBA、NAA、活性炭、蔗糖、卡拉胶诱导培养基、增殖培养基、生根培养基等。

4. 培养基

（1）诱导培养基 MS+6-BA 1.5 ～ 2.0mg/L+NAA 0.1 ～ 0.5mg/L；

（2）增殖培养基 MS+NAA 0.1 ～ 0.5mg/L；

（3）微茎尖不定芽诱导培养基 MS+6-BA 0.1 ～ 0.3 mg/L + 椰子汁 50 ～ 100ml/L ；

（4）继代增殖生根培养基 MS+6-NAA 0.2 ～ 0.4mg/L。

任务实施

1. 外植体预处理：准备做外植体的材料提前 30d 左右放入塑料大棚栽培种植，促发新芽，萌发新枝，制水，喷淋杀菌剂。

2. 外植体消毒接种与不定芽诱导：选择优良单株新萌发枝条为外植体材料，剪除叶片并剪成 5 ～ 7cm 长的枝段。在超净工作台上进行无菌操作：先用 75% 乙醇溶液浸泡 60s，然后用 0.1% 升汞溶液处理 5 ～ 10min，再用无菌水冲洗 4 ～ 6 遍，剪成带有 2 个腋芽的小段，接种到诱导培养基诱导腋芽萌发。

3. 继代增殖培养：将丛生芽分割，反复转接到继代增殖培养基，进行继代增殖培养。继代增殖培养周期为 20 ～ 25d。

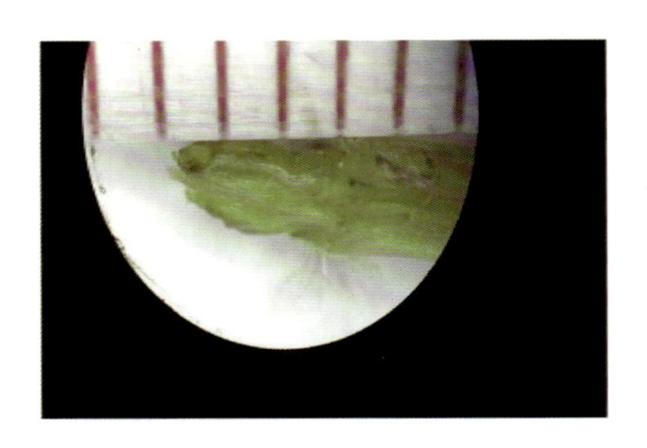

4. 微茎尖无菌切取：无菌条件下于超净工作台解剖镜下切取无菌组培瓶苗茎尖 0.5 ～ 1.0mm，放入微茎尖不定芽诱导培养基。

5. 微茎尖不定芽诱导：把切出的微茎尖放入微茎尖不定芽诱导培养基进行微茎尖不定芽诱导。

6. 继代增殖生根培养：接种材料在培养室中培养 20 ～ 25d，茎尖长高至 1.0 ～ 2.0cm，转接到继代增殖生根培养基进行不断的增殖代生根培养。

7. 炼苗生根培养：生根接种后隔天可放入炼苗塑料大棚进行生根炼苗，经 25d 左右培养，即可获得可供出瓶移栽的试管苗。

8. 试管苗驯化移植：试管苗移栽时向瓶内倒入一定量清水并摇动几下以松动培养基，然后小心将幼苗取出放置在盛有清水的塑料盆中，将根黏附的培养基彻底洗净，0.02% 高锰酸钾消毒，然后将试管苗移栽于消毒过的泥炭土：蛭石：河沙＝ 3 ：2 ：1 的基质中，移栽后浇透水，并设塑料拱棚保湿。经 50 ～ 80d 精细管理即可用于生产种植。

培养室环境控制：培养室保持洁净，空气新鲜。温度（25±2）℃，光照强度 2000 ～ 3000lx，光照时间为 10h/d，湿度 40% ～ 50%。

多花黄精植物培养

任务准备

1. 植物材料

多花黄精野生沙藏块茎、多花黄精继代增殖瓶苗、多花黄精生根瓶苗。

2. 仪器设备和材料

（1）设备器械 超净工作台、电加热消毒器、不锈钢手术刀、不锈钢镊子、不锈钢镊子存放架、酒精喷壶、组培瓶（盖）、育苗塑料大棚、电动喷雾器、塑料盆、塑料量杯、育苗筛、锄头、铁锹、花洒、育苗架、农用塑料薄膜、75% 的遮阳网、电子天平等。

（2）材料 医用棉花、无菌纸、泥炭土、河沙、高锰酸钾、杀菌剂（多菌灵、百菌清、敌克松等）等。

3. 试剂

75% 乙醇、0.1% 氯化汞溶液或 2% 次氯酸钠溶液、无菌水、MS 培养基各组成成分的化学试剂、6-BA、KT、IBA、NAA、活性炭、蔗糖、卡拉胶诱导培养基、增殖培养基、生根培养基等。

4. 培养基

（1）不定芽诱导增殖培养基 MS+6BA 3.0 ～ 5.0mg/L+KT 0.5 ～ 1.0mg/L+NAA 0.3 ～ 0.5mg/L；

（2）炼苗生根培养基 1/2 MS+IBA 0.5 ～ 1.0mg/L+ 活性炭 1g/L。

任务实施

1. 外植体的选择与预处理：从野生采挖的多花黄精中选择优良单株的块茎进行沙藏处理，促发萌芽，制水，淋灌杀菌剂。

2. 外植体消毒接种：选择沙藏处理的新萌芽块茎为外植体材料，用 75% 乙醇溶液抹擦去除泥沙。在超净工作台上进行无菌操作：先用 75% 乙醇溶液浸泡 60s，然后用 0.1% 升汞溶液处理 10 ～ 15min，再用无菌水冲洗 4 ～ 6 遍，切成带有 1 个萌芽的小块，接种到不定芽诱导增殖培养基，促发不定芽萌发生长。

3. 不定芽诱导：切取经不定芽诱导萌发生成的小芽继续转接到不定芽诱导增殖培养基继续进行不定芽诱导培养。

4. 壮芽继代增殖培养：切取经不定芽诱导的正常芽丛转接到不定芽诱导增殖培养基继续进行壮芽增殖培养，反复转接多次，转接周期 35 ～ 40d，不断进行壮芽增殖。

5. 炼苗生根培养：生根接种后隔天可放入炼苗塑料大棚进行生根炼苗，经 40d 左右培养，即可获得可供出瓶移栽的试管苗。

6. 试管苗驯化移植：试管苗移栽时向瓶内倒入一定量清水并摇动几下以松动培养基，然后小心将幼苗取出放置在盛有清水的塑料盆中，将根黏附的培养基彻底洗净，0.02% 高锰酸钾消毒，然后将试管苗移栽于消毒过的泥炭土：河沙＝ 3 ： 2 的基质中，移栽后浇透水，并设塑料拱棚保湿。经 1.0 ～ 1.5 个月精细管理即可用于生产种植。

培养室环境控制：培养室保持洁净，空气新鲜。温度（23±2）℃，光照强度 2000 ～ 3000lx，光照时间为 10h/d，湿度 40% ～ 50%。

白及的植物组织培养

任务准备

1. 植物材料

优良株系白及成熟果实、白及无菌萌芽瓶苗、白及生根瓶苗。

2. 仪器设备和材料

（1）设备器械 超净工作台、电加热消毒器、不锈钢手术刀、不锈钢镊子、不锈钢镊子存放架、酒精喷壶、组培兰花瓶（盖）、育苗塑料大棚、电动喷雾器、塑料盆、塑料量杯、育苗筛、锄头、铁锹、花洒、育苗架、农用塑料薄膜、75% 的遮阳网、电子天平等。

（2）材料 医用棉花、无菌纸、泥炭土、蛭石、河沙、高锰酸钾、杀菌剂（多菌灵、百菌清、敌克松等）等。

3. 试剂

75% 乙醇、0.1% 氯化汞溶液或 2% 次氯酸钠溶液、无菌水、MS 培养基各组成成分的化学试剂、NAA、新鲜马铃薯、蔗糖、卡拉胶种子萌发培养基、壮芽生根培养基等。

4. 培养基

（1）种子萌发培养基 MS+NAA 0.2 ～ 0.6mg/L+ 马铃薯 50 ～ 100g/L；

（2）壮芽生根培养基 1/2MS+NAA 0.2 ～ 0.5 mg/L+ 马铃薯 50 ～ 100g/L。

任务实施

1. 外植体材料的选择与消毒：选择白及优质品种优良母株结出的未爆裂成熟种果，用 75% 的乙醇溶液抹擦后在超净工作台上进行无菌操作：75% 的乙醇溶液浸泡 90min 后，用 0.1% 的 $HgCl_2$ 溶液灭菌 10 ～ 15min，无菌水冲洗 5 次，把种果切开，取出种子均匀散播在种子萌发培养基上。

2. 继代增殖培养：把种子萌发的小芽苗经 2 ～ 3 次转接到壮芽生根培养基进行增殖培养，转接周期 60 ～ 75d，不断进行增殖。

3. 壮芽继代增殖培养：切取经继代增殖培养的正常芽丛转接到壮芽生根培养基继续进行壮芽增殖培养，反复转接2～3次，转接周期75～90d，不断进行壮芽增殖。

4. 壮芽生根培养：切取经壮芽增殖培养的正常芽丛，3～4芽/丛，转接到壮芽生根培养基，每瓶接种15～20丛，进行壮芽生根培养，培养周期75～90d。

5. 炼苗生根培养：壮芽生根接种后隔天可放入炼苗塑料大棚进行炼苗生根培养，经75～90d培养，即可获得可供出瓶移栽的试管苗。

6. 试管苗驯化移植：放在塑料大棚中炼苗生根75～90d即可进行试管苗移栽。移栽时向瓶内倒入一定量清水并摇动几下以松动培养基，然后小心将幼苗取出放置在盛有清水的塑料盆中，将根黏附的培养基彻底洗净，用0.02%的高锰酸钾溶液消毒，然后将试管苗移栽于消毒过的泥炭土：蛭石：河沙=3：2：1的基质中。经180～240d精细管理即可用于生产种植。

培养室环境控制：培养室保持洁净，空气新鲜。温度(23±2)℃，光照强度2000～3000lx，光照时间为10h/d，湿度40%～50%。

巴戟天的植物组织培养

任务准备

1. 植物材料

巴戟天塑料大棚盆栽苗、巴戟天继代增殖瓶苗、巴戟天生根瓶苗。

2. 仪器设备和材料

（1）设备器械 超净工作台、电加热消毒器、不锈钢手术刀、不锈钢镊子、不锈钢镊子存放架、酒精喷壶、组培瓶（盖）、育苗塑料大棚、电动喷雾器、塑料盆、塑料量杯、育苗筛、锄头、铁锹、花洒、育苗架、农用塑料薄膜、75% 的遮阳网、电子天平等。

（2）材料 医用棉花、无菌纸、泥炭土、河沙、高锰酸钾、杀菌剂（多菌灵、百菌清、敌克松等）等。

3. 试剂

75% 乙醇、0.1% 氯化汞溶液或 2% 次氯酸钠溶液、无菌水、MS 培养基各组成成分的化学试剂、6-BA、IBA、NAA、活性炭、蔗糖、卡拉胶诱导培养基、增殖培养基、生根培养基等。

4. 培养基

（1）不定芽诱导增殖培养基 2/3MS+6-BA 0.2 ～ 0.5mg/L+NAA 0.01 ～ 0.05mg/L；

（2）壮芽生根培养基 1/2MS+IBA 0.5 ～ 1.0mg/L+NAA 0.1 ～ 0.2mg/L+ 活性炭 1g/L。

任务实施

1. 外植体预处理：准备做外植体的材料提前 30d 左右放入塑料大棚栽培种植，促发新芽，萌发新枝，制水，喷淋杀菌剂。

2. 外植体消毒接种与不定芽诱导：选择优良单株新萌发枝条为外植体材料，剪除叶片并剪成 6 ～ 8cm 长的枝段。在超净工作台上进行无菌操作：先用 75% 乙醇溶液浸泡 60s，然后用 0.1% 升汞溶液处理 7 ～ 10min，再用无菌水冲洗 4 ～ 6 遍，剪成带有 2 个腋芽的小段，接种到不定芽诱导增殖培养基诱导腋芽萌发。

3. 继代增殖培养：将较大的芽苗切割成带2～4个叶芽，1cm长左右的节段，或将密集的小丛芽分割为单株或丛芽小束，转接到不定芽诱导增殖培养基。继代增殖培养周期为30～45d。

4. 生根诱导与生根培养：把继代培养过程中获得的丛芽中长度2cm以上的单芽切出，转接到壮芽生根培养基上，经50d左右培养，即可获得可供出瓶移栽的完整植株。

5. 生根炼苗：生根接种后隔天可放入炼苗塑料大棚进行生根炼苗，50d左右根长至1.0～1.5cm即可出瓶移栽。

6. 试管苗驯化移植：移栽时向瓶内倒入一定量清水并摇动几下以松动培养基，然后小心将幼苗取出放置在盛有清水的塑料盆中，将根黏附的培养基彻底洗净，然后将试管苗移栽于苗床或营养袋中，苗床或营养袋中的基质为泥炭土：河沙＝3 ∶ 2。移栽后浇透水，并设塑料拱棚保湿。幼苗成活后即可把拱棚拆掉，此阶段要加强水肥管理和病、虫、草害防治。经3～4个月精细管理，当苗高10～15cm时即可用于生产。

培养室环境控制：培养室保持洁净，空气新鲜。温度（25±2）℃，光照强度2000～3000lx，光照时间为10h/d，湿度40%～50%。

金线兰植物组织培养

任务准备

1. 植物材料

野生金线兰塑料大棚盆栽苗、金线兰继代增殖瓶苗、金线兰生根瓶苗。

2. 仪器设备和材料

（1）设备器械　超净工作台、电加热消毒器、不锈钢手术刀、不锈钢镊子、不锈钢镊子存放架、酒精喷壶、组培兰花瓶（盖）、育苗塑料大棚、电动喷雾器、塑料盆、塑料量杯、育苗筛、锄头、铁锹、花洒、育苗架、农用塑料薄膜、75%的遮阳网、电子天平等。

（2）材料　医用棉花、无菌纸、泥炭土、蛭石、高锰酸钾、杀菌剂（多菌灵、百菌清、敌克松等）等。

3. 试剂

75%乙醇、0.1%氯化汞溶液或2%次氯酸钠溶液、无菌水、MS培养基各组成成分的化学试剂、6-BA、NAA、椰子汁、蔗糖、卡拉胶诱导培养基、增殖培养基、生根培养基等。

4. 培养基

（1）不定芽诱导增殖培养基　MS+6-BA 4.0～5.0mg/L+NAA 0.3～0.5mg/L+椰子汁50～100mL/L；

（2）壮芽生根培养基　1/2MS+6-BA 0.2～0.5mg/L+NAA 1.0～2.0mg/L+椰子汁50～100mL/L。

任务实施

1. 外植体预处理：准备做外植体的材料提前30d左右放入塑料大棚栽培种植，促发新芽，制水，喷淋杀菌剂。

2. 外植体消毒接种与不定芽诱导：选择优良单株新萌发新芽为外植体材料，剪除叶片。在超净工作台上进行无菌操作：先用75%乙醇溶液浸泡50s，然后用0.1%升汞溶液处理5～7min，再用无菌水冲洗4～6遍，剪成带有2个腋芽的小段，接种到不定芽诱导增殖培养基诱导腋芽萌发。

3. 继代增殖培养：将较大的芽苗切割成带2～3个叶芽，2～3cm长左右的节段，或将密集的小丛芽分割为单株或丛芽小束，转接到不定芽诱导增殖培养基。继代增殖培养周期为90～120d。

4. 壮芽生根培养：把继代培养过程中获得的丛芽中长度2cm以上的单芽切出，转接到壮芽生根培养基上。

5. 生根炼苗：生根接种后隔天可放入炼苗塑料大棚进行生根炼苗，经90d左右培养，即可获得可供出瓶移栽的完整植株。

6. 试管苗驯化移植：移栽时向瓶内倒入一定量清水并摇动几下以松动培养基，然后小心将幼苗取出放置在盛有清水的塑料盆中，将根黏附的培养基彻底洗净，然后将试管苗移栽于苗床或营养袋中，苗床或营养袋中的基质为泥炭土：蛭石＝3∶2。移栽后浇透水，并设塑料拱棚保湿。幼苗成活后即可把拱棚拆掉，此阶段要加强水肥管理和病、虫、草害防治。经3～4个月精细管理后即可用于生产。

培养室环境控制：培养室保持洁净，空气新鲜。温度（23±2）℃，光照强度1500～2000lx，光照时间为8h/d，湿度40%～50%。